中国少年儿童科学普及阅读文库

探索·科学百科™

中阶

物质的奥妙

中国少年儿童科学普及阅读文库
TANSUO
KEXUEBAIKE
★★★★★
4级D4
探索·科学百科

[澳]大卫·史蒂芬斯⊙著
连琏(学乐·译言)⊙译

全国优秀出版社
全国百佳图书出版单位
广东教育出版社 学乐

广东省版权局著作权合同登记号

图字：19-2011-097号

本书原由 Weldon Owen Pty Ltd 以书名*DISCOVERY EDUCATION SERIES · A Material World*

（ISBN 978-1-74252-213-5）出版，经由北京学乐图书有限公司取得中文简体字版权，授权广东教育出版社仅在中国内地出版发行。

图书在版编目（CIP）数据

Discovery Education探索·科学百科. 中阶. 4级. D4，物质的奥妙/［澳］大卫·史蒂芬斯著；连琏（学乐·译言）译. —广州：广东教育出版社，2014.1

（中国少年儿童科学普及阅读文库）

ISBN 978-7-5406-9459-3

Ⅰ.①D… Ⅱ.①大… ②连… Ⅲ.①科学知识—科普读物 ②物质—少儿读物 Ⅳ.①Z228.1 ②04-49

中国版本图书馆 CIP 数据核字（2012）第167634号

Discovery Education探索·科学百科（中阶）
4级D4 物质的奥妙

著 ［澳］大卫·史蒂芬斯　　译 连琏（学乐·译言）

责任编辑 张宏宇　李　玲　丘雪莹　　**助理编辑** 李颖秋　于银丽　　**装帧设计** 李开福　袁　尹

出版 广东教育出版社

　　地址：广州市环市东路472号12—15楼　　邮编：510075　　网址：http://www.gjs.cn

经销 广东新华发行集团股份有限公司　　　　　　**印刷** 北京顺诚彩色印刷有限公司

开本 170毫米×220毫米　16开　　　　　　　　　**印张** 2　　　　　**字数** 25.5千字

版次 2016年5月第1版　第2次印刷　　　　　　　　**装别** 平装

ISBN 978-7-5406-9459-3　　定价 8.00元

内容及质量服务 广东教育出版社 北京综合出版中心

　　　　　　电话 010-68910906 68910806　　网址 http://www.scholarjoy.com

质量监督电话 010-68910906 020-87613102　　**购书咨询电话** 020-87621848 010-68910906

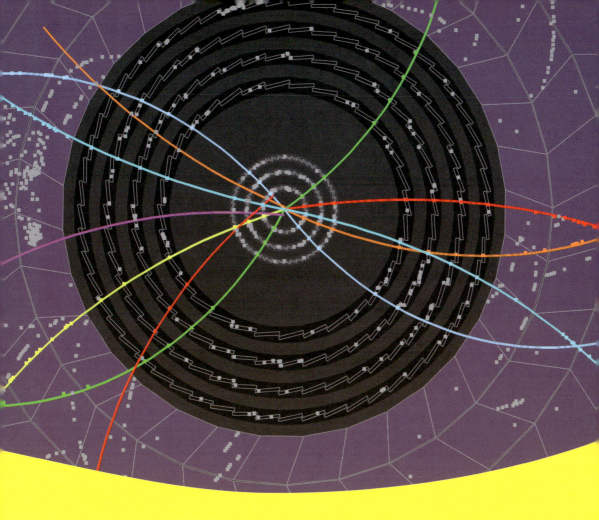

Discovery Education 探索·科学百科（中阶）

4级D4 物质的奥妙

全国优秀出版社
全国百佳图书出版单位

广东教育出版社 学乐

目录 | Contents

我们的世界由什么组成?

在过去的3000年中,人类一直想了解宇宙的构成。约公元前440年,古希腊哲学家恩培多克勒提出:万物都是由水、土、火、气四种元素构成的。他通过观察木材在火中燃烧获得了这一灵感。他看到水以水蒸气的形式释放出来,他认为气体来自于火,他发现燃烧后的灰烬很像土。于是,他得出了结论:火能把一切变成基本元素。宇宙是由四种基本元素构成的,这种观念传遍了全世界。印度教和佛教将第五种元素——以太加入其中,以太也就是我们周围的空间。中国古代特有的元素论包含金、木、水、火、土五种元素。这五种元素至今仍被运用在中药理论中。

今天的科学家们仍在探索宇宙的构成。现在,他们为宇宙中的万物取了个共同的名字,叫做物质。

气

气无处不在,总是在流动。没有气,火就无法燃烧。

阿育吠陀的五种元素

阿育吠陀是一种古老的印度医学,它的理论认为宇宙中的万物都是由土、水、火、气及以太这五种基本元素组成的。

古希腊学者德谟克利特将最小的物质称为"原子",在古希腊语中,"原子"的意思是"不可分割的"。

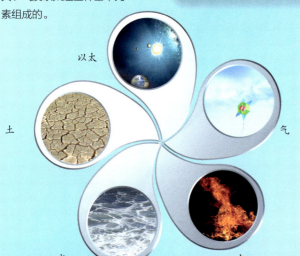

以太

土

水

火

气

四种元素

恩培多克勒认为,宇宙是由四种元素构成的,即土、水、火和气。

土

土是一种固态物质,它坚固且稳定。土是古代文化中的一个基本元素。

火

　　火具有的热量和能量，能将物质从固态变成液态和气态。

燃烧的圆木

　　恩培多克勒从燃烧的圆木中获得灵感，提出了他的四元素论。

水

　　水是一种液态物质，是一切生物赖以生存的必要条件。

什么是物质？

我们周围的一切都是物质。所有占据空间的东西都是物质。也就是说，看不见的东西，如空气和气体也是物质，因为它们都占据了空间。我们用自己的感官描述物质。视觉：它有光泽还是暗淡？有没有颜色？嗅觉和味觉：它是香甜的还是苦涩的？触觉：它是软的还是硬的？是干的还是湿的？物质还可以用其他属性，如弹性、延展性或磁性来描述。

物质具有的主要属性有三种，这三种属性称为三态（或三相），它们分别是气态、液态和固态。科学家还发现了这三种形态的一些特殊变化，它们就没那么为人所熟悉了。其中一种变化是等离子态，指的是物质原子内的电子在高温下脱离原子核的吸引，使物质呈正负带电粒子状态。等离子态下物质呈气态，但表现与普通气体不同。太阳与其他恒星都是由等离子气体构成的，它们是一些温度极高的巨大球状气团。

气体

气体的形状取决于它所在的容器的形状，它易于流动，也能够被压缩。气体的密度也会随环境变化而变化。

液体

液体的形状取决于盛载它的容器的形状，它具有易流动性特点，但很难压缩。

固体

所有能维持自身固有形状的物质都是固体。固体的体积不会变化，也很难被压缩。

固体、液体还是气体？

　　这间房子内部及四周的物体都是由固体、液体和气体这几种不同形态的物质组成的。

固体	液体	气体
床	男孩（主要由水构成）	空气
书	瓶子里的水	自行车胎里的空气
风筝	熔岩灯里的"熔岩"	男孩（体内含有一些气体）
灯	暖气片里的水	
山		
窗户		

填一填

　　房间内部及四周的部分物体按所处的形态列在了表里（左侧）。你还能列出更多吗？

雨滴

当云中的水汽过重时，水珠就会滴落下来，根据气温的不同而形成雨或者雪。雨水滴落的速度可达35千米/小时。

雨滴落在地上

在水面上

水黾（mǐn）的腿上布满了能吸附微小气泡的短毛。这使得水黾能够以90厘米/秒的速度在水面上滑行。

水黾

水的形态

在地球的所有物质中，水是最常见的能以三种形态存在的物质。水呈固态时，我们称之为冰；呈气态时，我们通常称之为水蒸气；呈液态时就叫做水。水还有其他名字，比如云、露及雪水。当水从一种形态变成另一种形态时，我们就会用相应的名字称呼它。在冰岛，冰很常见，人们用45种不同的词汇形容各种各样的冰。

地球上气态的水几乎随处可见。但水不会长时间地保持气态。当气态水升入大气层时，它会冷却下来，变回液态水滴。你可以在自己的厨房里找到所有形态的水：冰箱里的冰块，水龙头流出来的水，还有在炉子上沸腾的锅里冒出的气泡。

水与地球

水覆盖了地球表面约三分之二的面积。冰，即固态的水，覆盖了超过10%的地球陆地面积。

从太空看地球

浮冰群

冻结成冰的海水脱离陆地，随着海流和潮汐漂走。海风和风暴把它们大量聚集在一起，形成了浮冰群。

浮冰

冰山

冰山是淡水结成的冰形成的。冰山90%的体积都位于水面之下。

水蒸气

观察煮开的水壶壶嘴上方，你会发现有水雾。这是气态水（水蒸气）与空气接触冷却后呈气态的水，气态水即水蒸气，它冷却后，会变成水雾，也就是微小的水滴组成的水汽团。

水蒸气

云

云是由数百万个比雨滴小1 000倍的小水滴或小冰晶构成的。这些小水滴和小冰晶很轻，可以浮在空中。

积云

近距离观察

古希腊学者德谟克利特认为，如果把物质不断分解成越来越小的碎片，最终将得到一块无法再分得更小的物质。尽管这一理论被人们忽视了近 2 000 年，但我们现在知道，物质是由一种叫做原子的微小粒子构成的。用性能最好的显微镜也无法观察到它们。你正在阅读的这页书就有约 100 万个原子那么厚。

自然中天然形成的原子只有约 92 种。这些不同的原子构成了宇宙中数百万种不同的物质。就像英语中的 26 个字母通过不同的组合构成了数百万个单词，这些不同的原子也通过不同的方式结合形成了分子。我们所知的所有物质都是由相互结合的原子和分子构成的。

不可思议！

在海平面上，水在100℃沸腾并变成气态。在珠穆朗玛峰顶的低气压地带，水在69℃左右就会沸腾。

充满房子的气味

微小的菜肴香气的气体粒子飘离炉子上的锅，气体粒子间的距离变得越来越远，逐渐布满了整幢房子。

厨房

餐厅

卧室

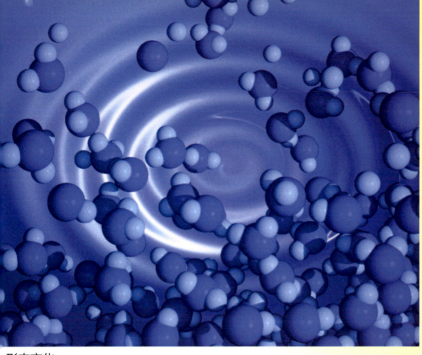

水分子

水分子由一个氧原子结合两个氢原子构成。微小的水分子无法相互紧密结合，这使得水有了液体的性质。

氢原子　　　　氧原子

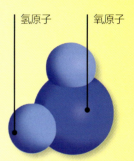

形态变化

温度改变时，物质的形态可能会发生变化。物质周围的压强也会影响它的形态。

冰

冰是由水冻结而成。冰里的水分子紧密结合在一起，很难被分开，所以冰不需要容器就能维持形状。

水

冰被加热后，水分子变得活跃起来，它们之间的距离会变大。处于液态时，水分子会相互钻来钻去。液态水需要装在容器里，否则就会流得满地都是。

水蒸气和水汽

水被加热后，会以气体的形式逸出，即水蒸气。当温度足够高时，气体分子会剧烈运动，产生大量气泡跑出容器。沸水上方的"雾"是一些微小的水滴，即我们常说的水汽，是水蒸气遇冷凝结形成的。

变化的物质

气温的变化会引起物质的变化，这种变化我们每天都能见到，不过这些改变通常都是暂时性的，比如下雨时云会很快就变回水。压力引起的变化也许没那么明显，也不太为人所熟悉。然而，压力能使数百万年前被埋在沼泽下的植物变成煤。随着时间的流逝，在层层岩石的压力下，植物中原本松散的分子会变成固体煤中结合紧密的分子。

物质也会因化学反应而发生变化。比如，在原油中加入化学物质可以制成塑料，化学物质也常用来制造尼龙制品和聚酯纤维。

暂时性变化

受到诸如温度等外界条件的影响时，物质的状态会发生变化；影响去除后，物质又恢复到原来的状态。这种变化叫做暂时性变化。

锻造钢铁

钢锭被加热至高温，固态钢会变为液态。

锻造成型

钢水被灌注进模型中，然后冷却成固体钢管。

永久性变化

受到外界影响时，物质的状态发生变化；影响去除后，物质无法恢复到原来的状态。这种变化叫做永久性变化。

钢管

钢管暴露在空气与水中，钢会发生化学反应，并产生变化。

生锈的钢管

钢铁氧化或生锈，变成另一种物质。它不能重新变回钢铁。

实验

仔细按照说明操作，你将观察到一次改变物质状态的化学反应。液体混合固体，会生成一种气体。你还将发现，气体所占的空间比液体和固体都要大。

你需要：

- 一个气球
- 一个小漏斗
- 一把勺子
- 一个塑料瓶
- 小苏打
- 醋

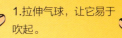

1.拉伸气球，让它易于吹起。

2.将漏斗插进气球中。往气球里灌进两大勺小苏打。

3.洗净并晾干漏斗。沿漏斗灌入半塑料瓶醋。

气球
充气实验

5.拉住气球，将小苏打（固体）倒进塑料瓶中与醋（液体）混合。

6.二者的混合物生成了二氧化碳（气体），二氧化碳的体积超过了瓶子的容积，使气球膨胀起来。

4.将气球套在塑料瓶上。注意不要让小苏打漏出气球。

千奇百怪

有时，物质的行为会出乎你的意料。大多数液体冷却并冻结成固体后会沉入水中，但冰会浮于水上。因为水冻结后，连结在一起的水分子会扩散开来，所以一块冰比相同体积的水包含的分子数要少。因此，冰就比水轻，可以浮于水上。二战期间，科学家想要利用冰的漂浮性质，用皮克瑞特（pykrete）建造航空母舰。皮克瑞特是14%的木屑加86%的冰混合而成的一种材料。这一绝密工程代号哈巴库克，经过大量的研究之后，该计划于1943年12月被搁置。

出于某些特殊的需求，科学家造出了一些奇怪的材料。比如说，拉伸时不会变薄反而变厚的材料，带磁性的液体，或受击打时会变硬的液体。

汞

汞，俗称"水银"，是唯一在常温下呈液态的金属，它广泛应用于温度计中。但它有很强的毒性。

干冰

干冰是固态的二氧化碳，它溶解时不经过液态形式，而会直接从固态变成气态。

金刚石

金刚石是人类已知的最硬的天然物质，由纯碳原子深埋地下数百万年形成。

蜘蛛网

蜘蛛网比优质钢还要强韧，它的强度与用于制作防弹背心的材料凯夫拉相仿。它的质量还很轻。

实验：离奇的物质

膨胀性流体是一种受到外力挤压时会变硬的液体。玉米淀粉加水就能制成一种膨胀性流体。首先，准备实验所需的材料；然后，把玉米淀粉放入碗中，每次加少量的水，不停搅拌，注意不要加太多水。液体需搅拌至像浓稠的煎饼料一样的状态。你可以把手伸进去感受一下，它会像液体一样从你的手指间穿过；但当你用手敲击碗里的混合物时，会感到它更像一块固体。

你需要：

- 两杯玉米淀粉
- 约一杯水
- 一个勺子
- 一个搅拌碗

现在它是液体

玉米淀粉与水混合，形成了一种悬浮液。巨大的玉米淀粉分子无法与微小的水分子结合。当你把手伸进碗里时，会感觉它像是一种液体。

现在它是固体

现在，用手背或勺子敲击液体表面。分子受到挤压时会连结在一起，液体会表现出更像固体的性质。膨胀性流体不会发生飞溅现象。

发现与分裂

　　尽管欧内斯特·卢瑟福因创建了原子模型理论而广受世人赞誉，但若没有同事的帮助，他的工作就难以继续进行下去。卢瑟福团队的欧内斯特·沃尔顿和约翰·科克罗夫特用原子粒子轰击一种原子的原子核，改变了它的结构。后来，二人因这一开创性的研究荣获1951的诺贝尔物理学奖。他们的工作为科学家开发核能、研制备受争议的原子弹铺平了道路。

汉斯·盖革与欧内斯特·卢瑟福

　　汉斯·盖革（左）帮助卢瑟福建立了许多关于原子模型的理论。他们二人还共同发明了用于测量放射性强度的盖革计数器。

约翰·科克罗夫特

　　1932年，约翰·科克罗夫特和欧内斯特·沃尔顿制造了一架能产生高电压的装置，利用该装置，他们将质子轰击至一个长2.4米的管子中，分裂了目标锂原子的原子核。

原子结构

　　科学家们认为，所有原子内都含有这几种粒子：质子和中子在原子核内振动，夸克在质子和中子内振动，电子不断围绕原子核运动。但原子内99.999 999%的体积都是空无一物的空间。

原子核

　　原子核是原子的核心，也是原子最重的部分，它由质子和中子构成。图中的原子带有两个质子和两个中子。

夸克

　　夸克（图中绿色和紫色的小球）互相结合形成了质子和中子。不同种的夸克有着不同的名字，分别为上、下、顶、底、粲（càn）、奇。

分裂原子

电子

电子是轻粒子家族的一员，它是一种带负电的微小粒子，不停围绕原子核运动。

直到 20 世纪初，科学家们还认为原子是宇宙中最小的粒子，所有物质都是由原子构成的。那时，欧内斯特·卢瑟福正在对铀的放射性进行研究。通过实验，他推断原子是由原子核与围绕原子核运动的电子构成。他在英国剑桥大学卡文迪许实验室的科学家团队后来继续证明了原子是由几个不同的部分组成的。

卢瑟福开创性的研究为现在的科学家指引了方向。他们继续寻找着新的方式，努力把原子分割成更小的部分。在德谟克利特的理论指引下，科学家们的目标是认识所有物质最基础的结构。

不可思议！

如果把原子想象成足球场一样大，原子核的大小就相当于足球场中间的一颗爆米花。

核电站

原子分裂会产生巨大热量，核电站利用这种热量将水变成蒸汽，推动涡轮机发电。

中子和质子

原子核内的中子（蓝色球体）不带电，质子（橙色球体）带正电。

宇宙大爆炸

宇宙中的所有物质源自何处？科学家们相信，约 137 亿年前，构成我们今天看到的整个宇宙的全部物质都集中在一个比针尖还要小的点上，这个点被称为奇点。它比我们能想象的任何东西都要炙热和致密。然后，不知什么原因促使这个小点开始膨胀，宇宙从而诞生，并以惊人的速度向外膨胀。

目前科学家们普遍支持"宇宙大爆炸"学说，认为是大爆炸促使物质向外膨胀，形成了宇宙。

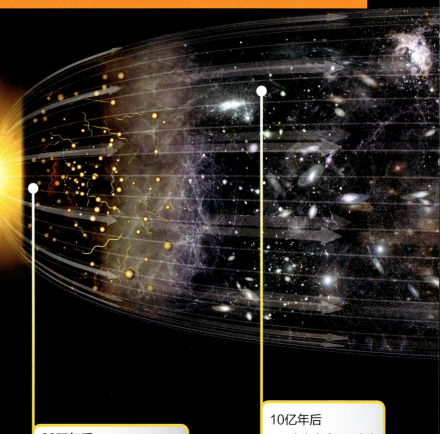

137亿年前
宇宙发生巨大的爆炸，在百万兆分之一秒间从原子大小膨胀至篮球大小。粒子和反粒子诞生，然后相互湮灭消失。3分钟后，残存的某些质子和中子结合，形成了氦原子核。

38万年后
宇宙已冷却到10 000℃。中子和质子开始捕获电子，形成原子。宇宙中充满了氦原子云和氢原子云。

10亿年后
宇宙变成了一个寒冷的地方，温度为零下200℃。引力使气体云凝聚在一起，最早的星系和恒星诞生。

气球实验

在一个泄了气的气球上画上尽量多的小圆点。吹起气球。随着气球（宇宙）不断膨胀，小圆点（星系）间的距离变得越来越远。

泄了气的气球　　　　充了气的气球

大爆炸时间线

构成宇宙的原材料是能量。随着宇宙的冷却，物质粒子诞生，它们最终结合在一起，共同组成了现在的宇宙。

今天

有些恒星正在走向死亡，它们向宇宙喷发着重元素。星系在引力的作用下聚合在一起。新的恒星从死亡恒星的残骸中诞生。

恒星和星系的演化

一代代的大质量恒星诞生又死亡。星系逐渐形成现在的外观。

太阳系诞生

宇宙大爆炸发生约90亿年后，我们的太阳系出现。

物质与反物质

科学家们如今已经知道，所有粒子都有对应的反粒子。最早预言反粒子存在的科学家是保罗·狄拉克。1932年，美国物理学家发现了正电子（电子的反粒子）的存在，从而证实了该理论，因此狄拉克获得了1933年的诺贝尔物理学奖。

大爆炸理论告诉我们，创造物质需要消耗极高的能量。当物质和反物质相遇时，双方都会消失，但创造二者的全部能量都会释放出来，科学家将这一过程称为湮灭。发生湮灭时，所有能量都会被释放，相遇的正反物质越多，爆炸就越大。

正物质遭遇反物质

正反物质相遇时会互相湮灭消失。幸运的是，地球上仅存在着极少量的反物质。

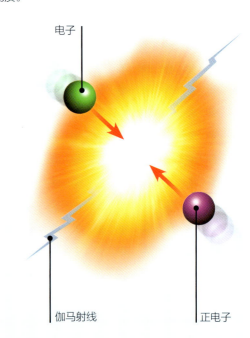

电子

伽马射线

正电子

正电子扫描仪

正电子发射断层造影（PET）扫描能以比X光更加精细的方式检查人体的内部运作。患者被注射一种核子实验室研制的特殊液体，该液体能发射正电子。正电子迅速地与人体中的电子相遇湮灭，瞬间产生γ（伽马）射线。这些伽马射线逃逸出人体，被正电子扫描仪探测到。

运行中的扫描仪

患者被送入仪器内。伽马射线很弱，不会对人体组织构成太大危害。

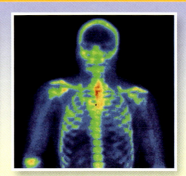

扫描仪拍下的图像

计算机对湮灭发生的位置建立三维图像，帮助医生诊断人体内部的疾病。

闪电

　　一架太空中的望远镜在猛烈的雷电风暴中发现了来自地球大气层的伽马射线，与正反物质相遇时产生的那些伽马射线很相似。

反物质在哪里？

　　在地球及我们的星系中仅探测到极少量的反物质。在大爆炸中诞生的宇宙里，正物质占据着主导地位，原因至今尚未完全明了。

粒子加速器

科学家们利用粒子加速器对原子核进行研究。他们将不同的粒子射进一条管道，然后将它们加速至接近光速。在此基础上，他们使粒子相互撞击，或让粒子撞击某一静止物体，并记录下实验结果。通过观测实验产生的新粒子，并测量它们的能量，科学家们能了解物质的基本结构，并发现相关的粒子到底有几种。

世界上最大的粒子加速器叫做大型强子对撞机（LHC）。它由欧洲核子研究中心（CERN）管理。加速器的管道是位于地下的一条隧道，占地面积很大，贯穿瑞士与法国边境。

1.梅林实验站
用来处理实验数据的所有性能强大的计算机系统都位于这些建筑中。

4.隧道进口
建造LHC时，设备从一个隧道进口被降入LHC内部。

大型强子对撞机（LHC）
LHC拥有一个周长27千米的圆形隧道，深埋在地下175米。科学家们希望LHC在全速运转后能为物质的起源提供更多的线索。

瑞士

法国

5.对撞机剖面图
超导磁体和外部降温层包裹在粒子加速器的管道外部。

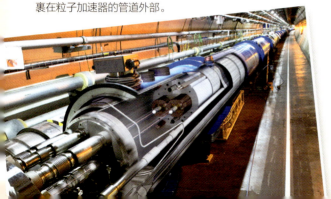

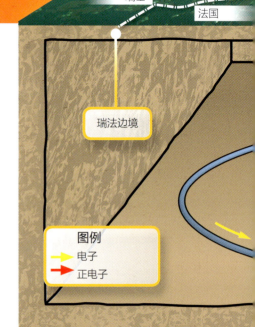

瑞法边境

图例
电子
正电子

2.碰撞实验

LHC内部进行碰撞实验时，科学家们就会看到这样的场面。两条线代表了粒子完成高速对撞后的运行轨迹。

3.普雷沃辛实验站

这里是欧洲核子研究中心最大的实验站，拥有自己的核试验设备。

著名的科学家

由于许多科学家在物理、化学、数学及天文学领域辛勤耕耘，我们对物质的认识在过去的 200 年里获得了快速发展，科学家们的探索已经超越了他们标准的研究领域。这里我们列出几位在物质研究领域做出过卓越贡献的科学家。

未来的 50 年中，物质研究领域无疑会出现更多新的发现，科学家们对构成宇宙的万物的性质也将会有更深一步的认识。

约翰·道尔顿
（1766~1844年）

道尔顿发现了气体分压定律，提出了近代原子论，并计算出了元素的原子量。

约瑟夫·约翰·汤姆逊
（1856~1940年）

汤姆逊完成了气体导电的实验研究，并因此获得了1906年的诺贝尔物理学奖。

欧内斯特·卢瑟福
（1871~1937年）

卢瑟福是汤姆逊的学生，他对 α（阿尔法）射线进行研究并提出了原子结构的理论。

爱因斯坦的理论

爱因斯坦用著名的质能方程 $E=mc^2$ 解释了能量与物质间的关系。方程指出，能量（E）等于质量（m）乘以光速（c）的自乘（光速的平方）。极少量的质量也可以转化成极大量的能量。

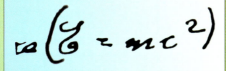

爱因斯坦的著名公式

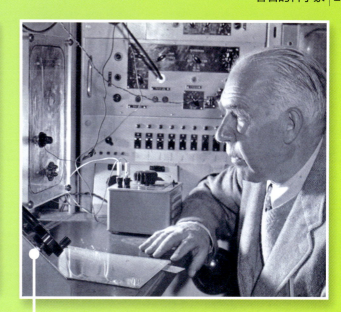

阿尔伯特·爱因斯坦
（1879~1955年）

爱因斯坦最突出的成就是创立了相对论。他因物理学理论方面的研究获得了1921年的诺贝尔物理学奖。

尼尔斯·玻尔
（1885~1962年）

这位丹麦物理学家因原子方面的研究获得了1922年的诺贝尔奖。他致力于推动原子能的和平利用。

詹姆斯·查德威克
（1891~1974年）

查德威克是卢瑟福的同事，他发现了中子，获得了1935年的诺贝尔奖。他还参与了原子弹的研制工作。

朱棣文
（1948~）

这位美国华裔物理学家因"利用激光冷却和俘捕原子"方面的研究获得了1997年的诺贝尔物理学奖。

未解之谜

关于物质与将物质束缚在一起的力，仍旧存在着许多未解之谜。现有的证据表明，宇宙有 96% 是由暗物质和暗能量构成，但科学家们却几乎对它们一无所知。

引力在宇宙中的作用与这一问题密切相关。关于引力，存在着许多有趣的现象。比如说，当万有引力较弱时，时间会走得更快。科学家们在卫星中放置了非常精确的原子钟，并将它们与地球上相同的原子钟进行比较。结果表明，卫星上的时间走得更快。这就说明，当你接近太空中的黑洞造成的强引力时，时间会变慢。

暗物质与暗能量

通过观察宇宙中的引力效应，科学家们确信，宇宙有4%是由可见物质构成，22%是由暗物质构成，74%是由暗能量构成。暗物质与暗能量我们都无法看到。

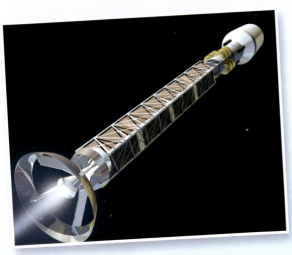

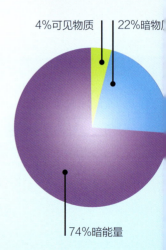

4%可见物质 | 22%暗物质

74%暗能量

反物质飞船

反物质火箭搭载的反物质燃料将提供100亿倍于化学燃料的动力。

"海盗号"探测器登陆火星

两架登陆火星的"海盗号"探测器对火星上是否存在生命迹象进行了实验。实验结果尚未明了。

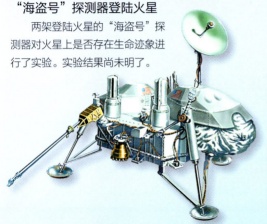

正电子反应式发动机

美国国家航空航天局（NASA）的科学家们试图利用反物质驱动火箭发动机，下图为发动机原理图。问题在于，他们能否将其建造成功，并投入使用。

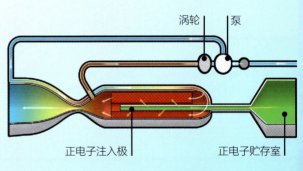

涡轮 | 泵

正电子注入极 | 正电子贮存室

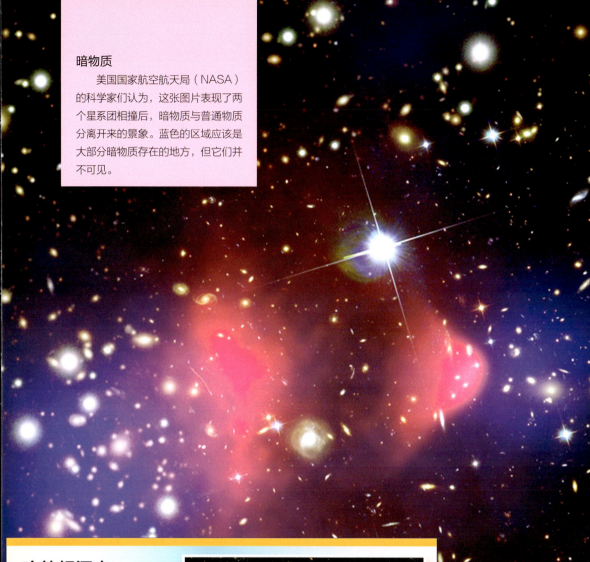

暗物质

　　美国国家航空航天局（NASA）的科学家们认为，这张图片表现了两个星系团相撞后，暗物质与普通物质分离开来的景象。蓝色的区域应该是大部分暗物质存在的地方，但它们并不可见。

哈勃超深空

　　哈勃望远镜正追寻着过去的太空，寻找宇宙大爆炸之初诞生的星系。这张天空一隅的图片是迄今为止拍摄的最深的宇宙影像，显示了从极远距离观测到的1平方毫米的太空。图上的一小块天空包含着约10 000个星系。

深远太空

知识拓展

湮灭(annihilation)
指正反物质相遇时发生的能量释放过程。

反物质(antimatter)
由反粒子而不是普通粒子组成的物质。

原子(atom)
组成物质的基本单位。

宇宙(cosmos)
一切时间和空间的综合。

膨胀性流体(dilatant)
一种反抗突发形变或流动的液体。

电子(electron)
围绕原子核运动的微小粒子，质量极小，带负电。

元素(element)
只由一种原子构成的化学物质。

星系(galaxy)
大量的恒星、气体和尘埃在引力作用下聚合在一起构成的天体系统。

伽马射线(gamma rays)
放射性物质或其他高能过程释放的电磁射线，具有极高能量。

气态(gaseous)
具有气体性质的形态。

**盖革计数器
(Geiger counter)**
用于测量放射性强度的仪器。

氦(helium)
第二轻的元素，在地球上的形态是一种比空气还轻的气体。

轻粒子(leptons)
一族亚原子粒子，包括电子和正电子。

分子(molecule)
化学物质的最小单位，由一群原子结合而成。

中子(neutrons)
一种不带电荷的粒子，与质子一起构成了所有原子的原子核。

原子核(nucleus)
每个原子的致密核心。

**粒子加速器
(particle accelerator)**
用来使粒子相互高速撞击的装置。

等离子(plasma)
一种导电性很好的气体，对电磁力反应强烈。

质子(protons)
一种带正电荷的粒子，与中子一起构成了所有原子的原子核。

皮克瑞特(Pykrete)
由冰和木屑制成的一种材料。

夸克(quark)
一种亚原子粒子，也是物质的基本构成单位，质子和中子就是由夸克组成。

**超导磁体
(superconducting)**
利用极低温度下的超导导线制成的一种电磁体。

悬浮物(suspension)
悬浊物的物质粒子能与液体相混合，但不能溶解在其中。

宇宙(universe)
全部空间以及其中一切物质的总和，包括恒星、行星以及能量。

探索·科学百科™

Discovery EDUCATION™

世界科普百科类图文书领域最高专业技术质量的代表作

小学《科学》课拓展阅读辅助教材

64册
全套精装
超低定价
每册 12.00元

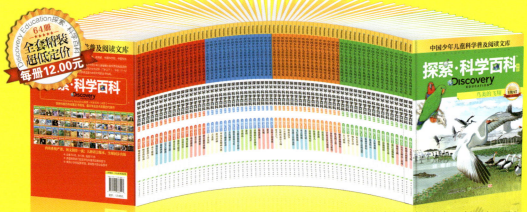

Discovery Education探索·科学百科（中阶）丛书，是7~12岁小读者适读的科普百科图文类图书，分为4级，每级16册，共64册。内容涵盖自然科学、社会科学、科学技术、人文历史等主题门类，每册为一个独立的内容主题。

Discovery Education
探索·科学百科（中阶）
1级套装（16册）
定价：192.00元

Discovery Education
探索·科学百科（中阶）
2级套装（16册）
定价：192.00元

Discovery Education
探索·科学百科（中阶）
3级套装（16册）
定价：192.00元

Discovery Education
探索·科学百科（中阶）
4级套装（16册）
定价：192.00元

Discovery Education
探索·科学百科（中阶）
1级分级分卷套装（4册）（共4卷）
每卷套装定价：48.00元

Discovery Education
探索·科学百科（中阶）
2级分级分卷套装（4册）（共4卷）
每卷套装定价：48.00元

Discovery Education
探索·科学百科（中阶）
3级分级分卷套装（4册）（共4卷）
每卷套装定价：48.00元

Discovery Education
探索·科学百科（中阶）
4级分级分卷套装（4册）（共4卷）
每卷套装定价：48.00元